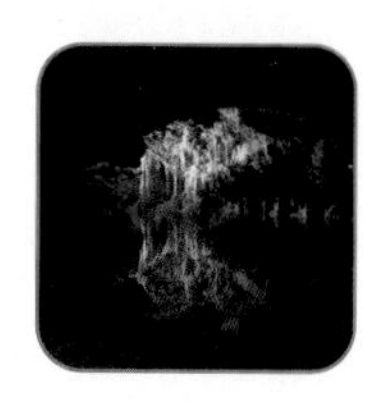

新华美誉

童眼看世界
TONGYAN KAN SHIJIE

认地球

北京理工大学出版社
BEIJING INSTITUTE OF TECHNOLOGY PRESS

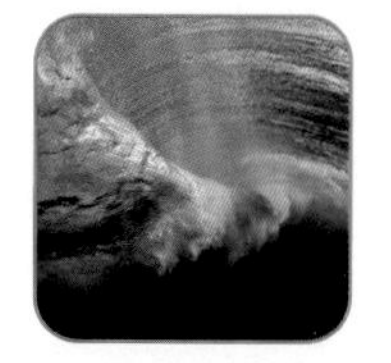

写给小读者

小朋友，你知道我们生活在宇宙中的哪个星球吗？你知道这颗星球有多老吗？你知道这颗星球是如何工作的吗……

大概每个人都很好奇吧。那么，你为什么不打开这本书来看看呢？

在书中，你可以看到我们的家园“地球”是一颗怎样的星球：它为什么那么暴躁又那么沉稳？它为什么孕育着人类却又要给人类带来灾难？它资源丰富为什么又怕人们滥用？为什么有的地方干而有的地方湿？为什么有的地方冷而有的地方热……

有时候我们觉得答案很复杂，可其实答案或许只有一句话而已。只有这样简洁的回答，才最能体现地球的魅力。让我们一起来看看地球是如何从过去到未来的！

目录

地球简史

气象探索

生命轨迹

地球简史

地球大约形成于 46 亿年前，由宇宙中漂浮的气体和尘埃组成。密度大的矿物质聚集在中心位置，而密度较小的则位于地球表面。地球诞生以后，经过复杂的自然演变，约在 38 亿年前出现了单细胞生命，大约在 4 亿年前才有了高等植物和动物……

地球的内部构造

地球可分为四层，从内到外依次为：内核、外核、地幔、地壳。据研究，内核应该为实心的铁，外核则是液态的铁，地幔由极热的岩石组成，地壳则是一层漂浮在外表面的岩石层。动植物便生活在地壳之上。

地球探索

地球形成之初，温度比较高，各种物质混合在一起。慢慢地密度大的物质聚集在了中心位置，而密度较小的物质则浮于表面。就这样，逐渐形成今天地球的样子。可以说，地球就好比是一个洋葱一样，一层又一层，有很多层，越往中心位置温度越高，地核的温度能达到 6800 多摄氏度呢。

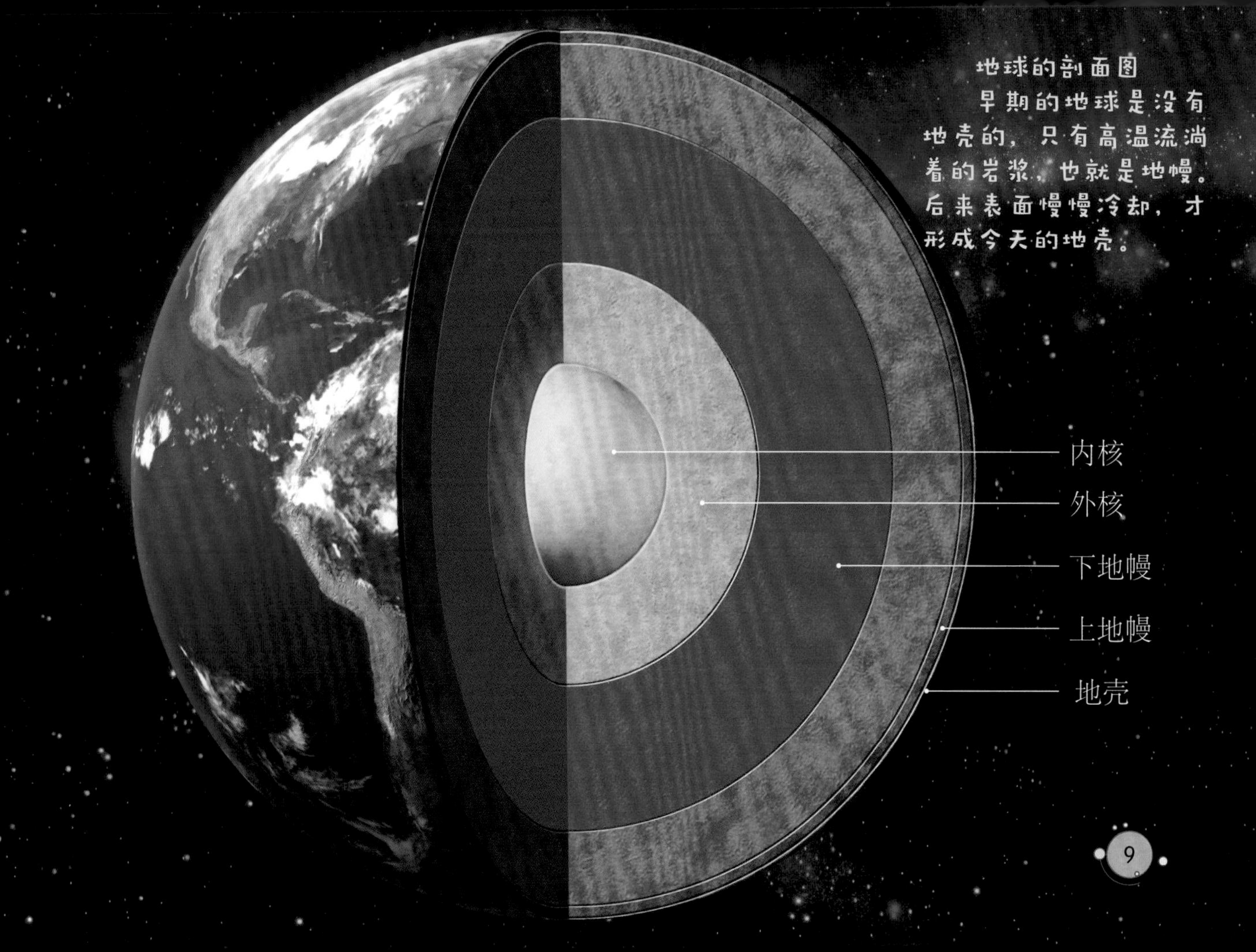
地球的剖面图
早期的地球是没有地壳的，只有高温流淌着的岩浆，也就是地幔。后来表面慢慢冷却，才形成今天的地壳。
内核
外核
下地幔
上地幔
地壳

地磁场

一根磁针，如果从中点支起，让它在水平方向上自由转动，你会发现：等它静止时，它的一端指向南方，另外一端指向北方。而且，不管你怎么摆布它，最终还是这样的结果。这便是地球自身的磁场在起作用啦。

地球探索

地磁场是指地球内部存在的天然磁性现象。人们普遍认为，地磁是由于地球外核的液态铁的流动引起的。在地球形成后，地球内部就有一个微弱的磁场。外核的液态铁在流动时，产生微弱的电流，电流的磁场又使原来的弱磁场增强。这样，在液态铁和磁场的相互作用下，原来的弱磁场不断加强，慢慢地形成了现在稳定的地磁场。

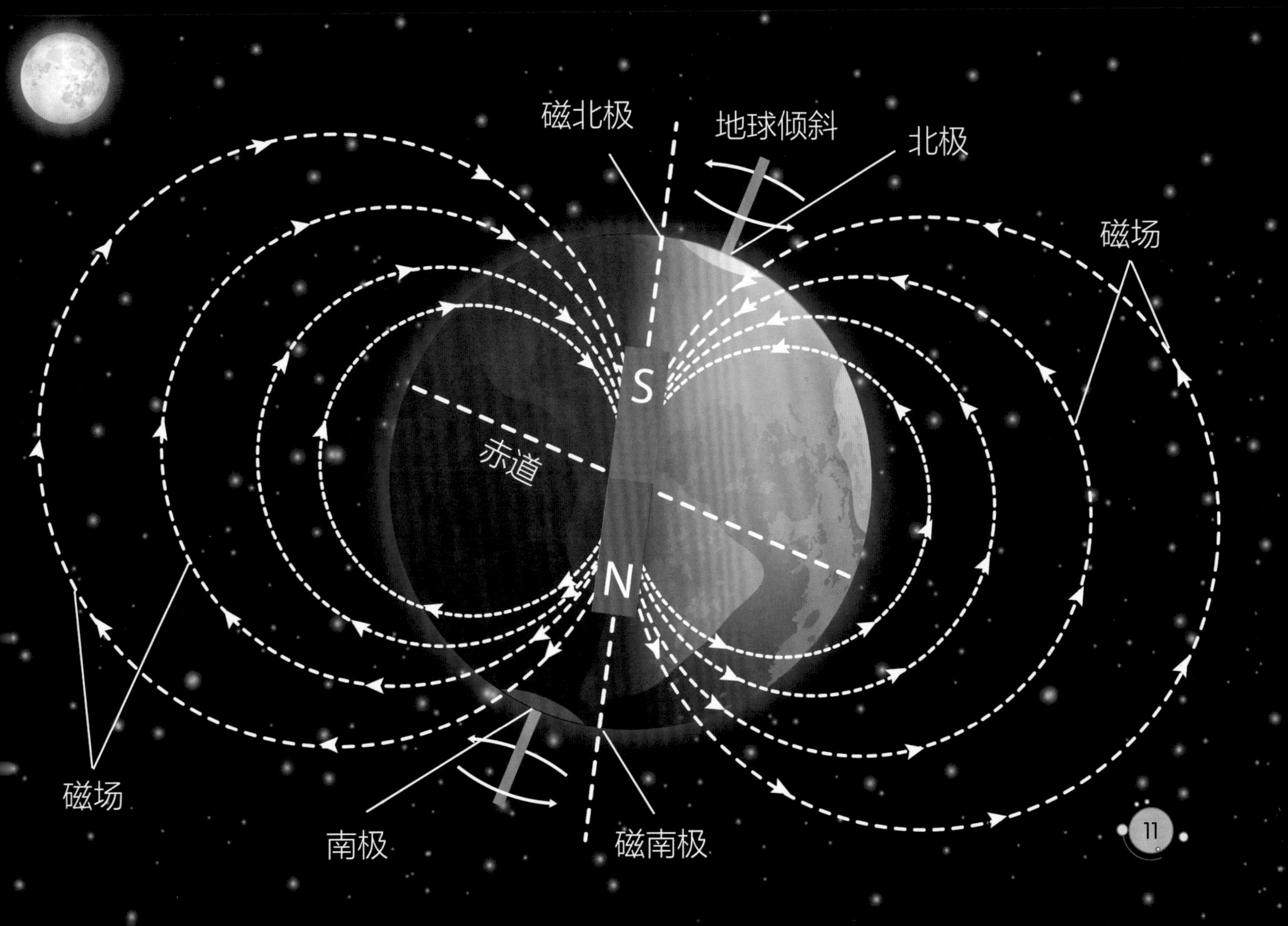
磁北极
地球倾斜
北极
磁场
S
赤道
N
磁场
南极
磁南极

地壳

地壳就是地球的固定外壳，这是一层厚厚的岩石圈。不过，这个岩石圈并不是一个整体，而是分裂成许多块，这些大块的岩石被称为“构造板块”。简单来说，地壳就是由这些构造板块像拼拼图那样，拼成了一个球形的拼图。

地球探索

地球有多少板块呢?

具体来说，地球一共由7个巨大的构造板块和几个小板块构成。七大板块包括：太平洋板块、欧亚板块、印度—澳大利亚板块、非洲板块、北美洲板块、南美洲板块和南极洲板块。其中，太平洋板块最大，它覆盖了地球表面超过1/5的面积。

板块并不是静止不动的，而板块的运动常会导致地震、火山喷发等各种大地质事件发生。

板块边界，板块运动十分激烈。

断层

地壳板块持续运动，使得岩石不断受到挤压，到了一定程度便会变形甚至断裂，从而形成断层和褶皱。断层往往发生在坚硬的岩层中，因为越坚硬越容易发生断裂。

地球探索

断层是在岩石中发生的断裂，沿着这个断裂的裂缝，两个断面做相对运动。这种运动有时候发生在垂直方向上，有时候发生在水平方向上，而有时则是倾斜的。断层有大有小，最大的断层是东非大裂谷，长达 9000 千米，大约形成于 500 万到 10 万年前。而小的断层，可能只能通过显微镜才能观察到。

东非大裂谷位于非洲东部，从卫星照片上看，它犹如地球上的一道巨大的伤疤。所以，东非大裂谷又有“地球伤疤”之称。

造山运动

造山运动是由地球板块相互运动引起的。大规模隆起形成山脉的运动，只会影响到地壳局部的狭长地带，并具有速度快、幅度大、范围广等特点。造山运动常引起地势高低的巨大变化，地球上的山脉主要有三种：火山、褶皱山和断块山。

地球探索

火山姑且不提，我们这里先说说褶皱山和断块山。当板块相撞的时候，岩石受到水平方向的挤压，岩石急剧变形并且大规模隆起，从而形成褶皱山脉。至于断块山脉，它是断层受到挤压后，其中一块隆起并不断上升形成的。

喜马拉雅山就是印度洋板块与亚欧板块相撞后，沉积物与部分海洋地壳在两个板块间隆起而形成的。

火山

火山是一种常见的地貌形态，是岩浆（熔融的岩石）喷出地表形成的山脉或环形山。一般来说，火山分为“活火山”“休眠火山”和“死火山”。岩浆冲破地表就会形成火山岩，全世界每年大约会发生几十起火山喷发事件。

地球探索

在地壳之下的100到150千米处，那里有大量的岩浆。地球内部一旦受到极大压力，形成巨大的能量，就需要释放出去。于是，岩浆找到一个地壳比较薄弱的地方就冲了出来。火山以不同的形式喷发，有些熔岩很温和地涌出，有些熔岩则会带着石块、灰尘和有毒气体猛烈地喷出地面。火山并不只存在于陆地，还存在于海底，甚至海底比陆地还要多。

岩浆喷出地面后称“熔岩”，火山喷发时，沸腾的熔岩从火山口不断往下流动，然后毁灭遇到的所有生物。

地震

地震就是地面发生了晃动。地球每年大约发生地震500多万次，但并不是每场地震我们都能感受得到，绝大多数的地震都很小或很远，人根本感受不到。真正会对人类产生危害的地震，每年大约有20起。

地球探索

地震是如何发生的呢？

大家知道，地球表层是漂浮在熔融的岩浆上面，由很多板块组成，这些板块一直在缓慢地移动。就好像人走路会撞在一起一样，两块活动的板块也会发生碰撞，这个时候就会引起板块边沿或内部发生错动和破裂，从而引起地震。

当大地震发生在海里，就会形成极具破坏力的巨浪，这便是我们所说的“海啸”了。

地震开始的位置称为“震源”，地震波从震源处发出并向外传递，产生振动。

岩石循环

地球表面是一层岩石圈，岩石非常坚硬，但岩石并不是永恒存在的，它会不断受到风、水、冰的侵蚀，慢慢变成尘土。而与此同时，海底与火山也在不断制造新的岩石。这个过程被称为“岩石循环”。

地球探索

岩浆从火山口喷出地面或侵入地壳，然后冷却凝固形成坚硬的岩石——岩浆岩。一些微小的岩浆岩被带入海底，然后被很多微小的岩石微粒掩埋在一起，形成新的岩石。随着掩埋不断加深，它们变得越来越热，最后熔化形成岩浆。

正因为有了岩石循环，地壳才能始终保持一种平衡状态。

岩浆岩也称“火成岩”，是地壳的主要组成部分，约占地壳总体积的64.7%，总质量的95%。

岩石

岩石是构成地壳和上地幔的物质基础，按照形成的原因可分为三类：第一类是岩浆岩，第二类是沉积岩，第三类是变质岩。其中，岩浆岩占64.7%，沉积岩只占7.9%，剩余的为变质岩。

地球探索

岩浆岩是岩浆冷却形成的岩石。

沉积岩则是由岩浆岩的风化物、火山喷发物和有机物等各种松散的沉积物，经长期堆积掩埋、挤压，固结而成的岩石。地球表面有70%都是被沉积岩所覆盖了。

沉积岩掩埋得够深以后，地球内部的高温和上方的岩石压力会将它转变为变质岩。事实上，任何岩石在高温、高压下都可能转化为变质岩。

现代形成的岩石，大多是沉积岩。这类岩石都呈层状，越下层的岩石形成的时间越早。

土壤

土壤是地球表面一层疏松的物质，能够生长植物。它由各种颗粒状矿物质、有机物质、微生物、水分和空气等组成。而其中的矿物质又大多来自岩石风化。

地球探索

岩石虽然坚固，但是会被风、雨、雪或其他物质等侵蚀，慢慢发生物理或化学上的改变，也就是说大小和成分上的变化，最后成为组成土壤的重要部分。不同的岩石在不同的条件下会形成不同的土壤，常见的土壤有红土、黄土、黑土等。如果没有土壤，就没有可爱的大自然。

土壤不仅是植物生长的基质，还是许多动物的家园呢。比如，蚯蚓、线虫等都生活在土壤中，一些昆虫还喜欢把卵产在土壤里，让土壤帮它们孵化宝宝呢。

矿物

矿物是自然产生的固体，由不能再被分解的基础化学元素所构成，各种矿物集合在一起形成岩石。

地球探索

矿物有以下几个特点：首先，矿物必须是地球上的天然产物；其次，矿物必须是固体，气体和液体都不能算是矿物（自然液态汞除外）；最后，矿物都是晶体。

矿物是化学元素通过地质作用，逐渐聚集形成的。作用过程不同，所形成的矿物组合也就不同。即使矿物已经形成，但受到环境等因素的影响，还是可能会形成新的矿物。

地球上约有4000种不同类型的矿物，宝石也是一种矿物。

化石

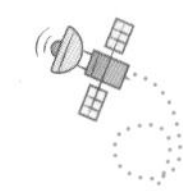

远古时代的动植物遗体、遗物或遗迹，因为某种原因而被存留在古代地层中，就形成了化石。最常见的化石是骨骼化石和贝壳化石，化石大小完全由古生物本身的大小决定。

地球探索

有人可能会好奇，化石是如何形成的呢？

其实，在漫长的地球生命史中，地球曾生活过无数的动物和植物。这些动物和植物死后，迅速被掩埋起来，然后它们的皮肤等软组织腐烂消失了，而骨骼则留在了地层中，经过数百万年甚至上亿年的沉积，最终慢慢变成了石头，即我们所说的“化石”。而这种迅速掩埋，多是由自然灾害造成的，比如火山爆发、泥石流等自然灾害。

古生物变成化石后，虽然皮肉不在了，但它们的形态、结构、生活痕迹等依然保留着。通过这些化石，我们可以了解各个阶段地球的生态环境。

俯瞰地球

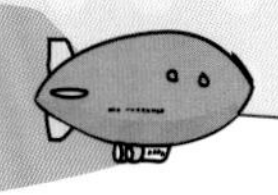

地球只是宇宙中一个很小的点，但对人类来说，它很大，也很复杂。地球各处差异很大，有辽阔的海洋，有冰封的极地，有酷热的沙漠，还有湿润的雨林……它们各不相同，也各有魅力。无论你走到何处，地球的地貌都是不一样的。

海洋

从遥远的太空俯视地球，会发现地球是一个美丽的蓝色星球。这是因为，地球约71%的地方都被大海和大洋覆盖着，总面积达3.6亿平方千米。由于地球海洋的面积远远大于陆地面积，所以人们也称地球为“大水球”。

地球探索

“海”和“洋”是有区别的。“洋”是海洋的中心部分，而“海”是海洋的边缘。它们彼此沟通成统一的水体，称为“海洋”。

世界大洋的总面积约占海洋面积的89%，所以洋是海洋的主体。洋的水深一般在3000米以上，深的地方甚至可达1万多米。洋远离大陆，水质良好。

海位于海洋边缘，与大陆相接，水深较浅，从几米到两三千米都有。

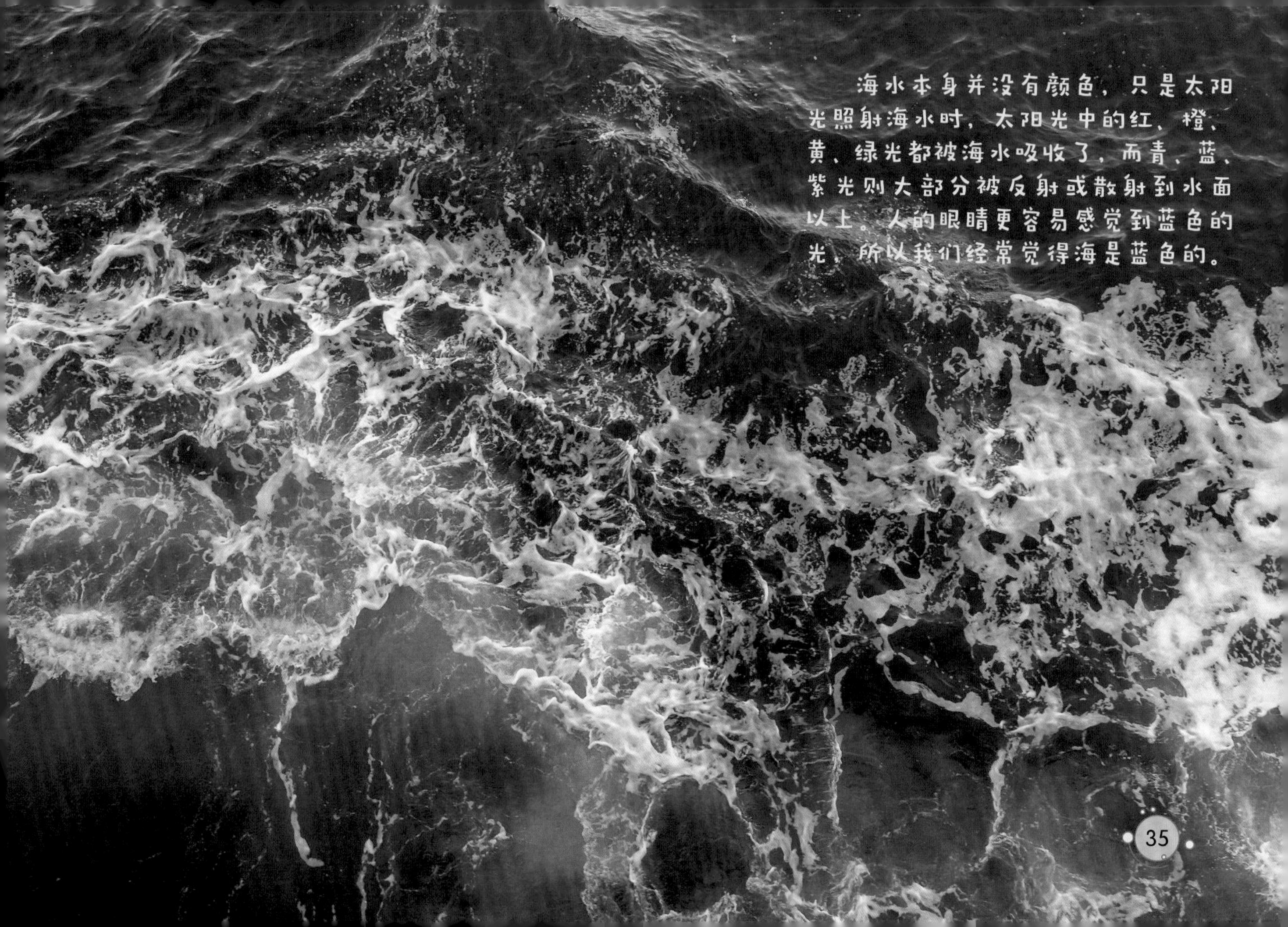

海水本身并没有颜色，只是太阳光照射海水时，太阳光中的红、橙、黄、绿光都被海水吸收了，而青、蓝、紫光则大部分被反射或散射到水面以上。人的眼睛更容易感觉到蓝色的光，所以我们经常觉得海是蓝色的。

五大洋

知道吗？人们习惯将地球上的大洋分为四个或五个区，称之为“四大洋”或“五大洋”。四大洋包含太平洋、大西洋、印度洋和北冰洋，第五大洋为南冰洋。但是，关于“五大洋”的提法还没得到完全的认可。

地球探索

太平洋位于亚洲、大洋洲、南美洲和北美洲之间，是所有大洋中面积最大的，几乎占世界总海洋面积的一半。大西洋是世界第二大洋，它北接北冰洋、南连南冰洋，所属海域约有20个。印度洋是第三大洋，不仅是各大洋的枢纽，还拥有生产石油的波斯湾。北冰洋位于地球最北端，是世界上最小、最浅、最冷的大洋。南冰洋是唯一完全环绕地球却没有被大陆分割的大洋。

南冰洋也常被称为“南大洋”，是围绕着南极洲的海洋。过去，人们将其视为“南极海”，认为它是太平洋、大西洋和印度洋的边缘地带。但因它有自己独立的气候特征，所以一些科学家认为它是一个独立的系统，可以单独确定为一个大洋。

陆地

陆地指的是地球表面除去海洋的部分，它由大陆、岛屿、半岛和地峡等部分组成。陆地面积大约为1.49亿平方千米，表面起伏不平，有山地、高原、平原、盆地等，人类便生活于陆地之上。

地球探索

大家从地球仪上可以了解到，现在地球上的陆地并不是连在一块儿的，而是被海洋隔开了，被分成非洲大陆、欧亚大陆、北美洲大陆、南美洲大陆、澳大利亚大陆和南极洲大陆六大块，以及一些岛屿。

可据科学家研究，这些陆地原本是一个整块，大约3亿年前才开始分裂，并向不同的方向移动，然后成了现在的模样。

各大陆边沿地形相似，动植物相似，很好地佐证了各陆地原本是连在一起的假说。

岛屿

岛屿指的是散布于海洋、江河或湖泊等水域中央自然形成的陆地区域。彼此距离不太远的一组岛屿，可以称为“群岛”。屿的面积较小，大小不超过 1 平方千米；而岛的面积则比较大，有些甚至可以达到几百万平方千米。

地球探索

按照成因，岛屿可分为四类。

部分陆地在遭遇海水上升或大陆下沉等情况，被海水分开而成为岛屿，这种岛屿称为“大陆岛”。有些河流中泥沙特别多，并且逐年沉积，面积越来越大，最后形成岛屿，这种岛屿称“冲击岛”。海底火山喷发后，火山喷发物大面积堆积，最终形成的岛屿称为“火山岛”。而由海中珊瑚虫遗骸堆筑的岛屿，则是“珊瑚岛”。

世界上最大的岛屿是格陵兰岛，面积达 217.56 万平方千米。

河流

陆地形成后，雨水、地下水和高山冰雪融水经常或间歇地沿着狭长的凹地向低处流动，这才有了河流。河流是人类文明之源，河水能够灌溉庄稼，供人们所需，还能进行捕捞活动，几乎所有的原始文明都是沿着河流两岸建立起来的。

地球探索

山涧里流水潺潺的山溪不能称之为“河流”，河流必须有流动着的水和储水槽。河流最初形成的时候，河水并不往下流，而是逆向朝着源头伸展，让河谷不断往上游延伸。所有的自然河流，都是这样慢慢形成的。

我国著名的河流有长江和黄河。长江是我国第一大河，世界第三大河，全长 6300 千米。黄河被誉为中国的母亲河，河两岸的文明灿烂辉煌。

“江”与“河”其实都是指河流，“江”一般只限于中国河流名，而且多分布于中国南方，如“长江”；到了中国北方，河流往往就以“河”相称，如黄河。

湖泊

湖泊就是陆地表面相对封闭的天然洼地积水形成的比较宽广的水域。湖泊的水相对稳定，不会像海面一样波涛汹涌，也不会像河流一样水流湍急，而且湖泊一般不注入海洋。

地球探索

湖泊分淡水湖和咸水湖（较少）。

淡水湖的湖水也含有一定的盐分，但由于盐分含量非常低，人的感受不明显。

咸水湖的湖水中含盐量高，所以湖水是咸的。咸水湖的形成原因大致有两种：第一种，该湖所在的位置在很早以前其实是海洋；第二种，该湖位于内陆河流的终点，因蒸发量大，而河流一路带来的矿物质却不断堆积下来，最后使得河水变咸了。

湖水可以用来灌溉，也能用于发电。

湿地

湿地是指地表过湿或经常积水的生长着湿地生物的地区，如我们常说的沼泽、洼地等都是湿地。有些湿地看起来像是散布着小岛的湖泊，有些则像是草地，因为那里长着许多的芦苇。

地球探索

湿地是水陆之间的过渡性地带，它往往具有以下一个或多个特点：第一，长期或至少周期性地生长着很多湿地特征植物（多为水生植物）；第二，底层的土壤主要是湿土；第三，土壤在植物生长季有时会被水淹没。

湿地拥有众多的野生动植物资源，同时还有很多的微生物，具有改善水质、调节小气候等功能，强大的生态净化功能令它获得了“地球之肾”的美名。

湿地上环境良好，食物充足，许多珍稀水禽繁殖、迁徙都会停留在这里，所以湿地也被誉为“鸟类的天堂”。

森林

森林是以树木为主体的生物群落。除了高大的乔木、矮小的灌木，森林里还有各种草本植物、动物以及微生物，这些构成了一个森林系统。可观的植物数量，使得森林成为天然的氧气制造厂，并为它赢得“地球之肺”的美名。

地球探索

由于地球各地气温和降雨量各不相同，所以不同地区的森林的植物、动物也各不相同。比如，比较寒冷的地区就可能生长杉树、松树等针叶植物，而活动的动物也是比较耐寒的动物；到了比较炎热的地方，森林里更多分布的则是樟树、桑树、珙桐等常绿阔叶植物，动物也是一些比较耐热、耐旱的动物。

森林的多样性，丰富了地球物种，也为人类提供了丰富的资源。

森林防火，人人有责。禁止携带火种进入林区，更不能在林区生火等。

雨林

雨林是地球上一种重要的生态系统，雨林雨量充沛，到处生长着郁郁葱葱的树木。雨林良好的自然环境，让世界上将近一半的动植物都选择以此为家。

地球探索

根据地理位置的不同，雨林可以分热带雨林和温带雨林。

热带雨林常见于赤道附近，比如南美洲亚马孙河流域、非洲刚果河流域和众多太平洋岛屿上的热带雨林。热带雨林气候炎热，没有明显季节差异，生物群落演替速度极快。

温带雨林一般不大，而且分布得较为分散。温带雨林冬暖夏凉，气候温暖湿润，地表长满了蕨类、藓类等小型植物。

雨林一个重要的特点就是植物枝繁叶茂，阳光很难透过层层枝叶抵达地面。

草原

草原也是地球上的一种生态系统，它的绝大部分地表都被草所覆盖，零星会有些树木点缀。草原的形成原因是，这里土壤层较薄或降水量比较少导致木本植物无法生长，而草本植物则不大受影响。

地球探索

地球上主要有两个类型的草原，即热带稀树草原和温带草原。

热带稀树草原见于热带地区，比如东非、南美巴西高原和印度等地。这类草原草本植物生长得非常茂盛，而乔木则稀疏散生。

而温带草原的生物群落就比较简单了，一般只生长有草本植物，不见乔木和灌木。而且，这类草原季节变化非常明显，湿润季节芳草青青，干燥季节一片枯黄。

草原上生长着不同种类的动物，食草动物们会为了肥美的草料而长途跋涉，而食肉动物则常常偷袭它们。

沙漠

沙漠是地球上最干燥的地方，年降水量一般在 250 毫米以下，一些地方甚至终年不下雨。大多数沙漠地区昼夜温差大，白天炙热烧烤，夜里寒冷异常。

地球探索

沙漠大多分布在南北纬 15 ~ 35 度之间，由于这些地方的风向总是从陆地吹向海洋，所以才导致沙漠雨量极少。而且，沙漠风力非常大，大风卷起大量浮沙形成可怕的风沙流，甚至能将一座沙丘移到另外一处。

沙漠上植物稀少，只能生长一些抗旱或抗盐的植物，有些沙漠甚至寸草不生。沙漠中的动物只能从食物中获取水分，并且喜欢昼伏夜出，以避开灼热的阳光。

骆驼被誉为沙漠之舟，能在沙地上随意行走，它的驼峰中储藏着肥厚的脂肪，所以好几天不吃不喝也能生存下来。

绿洲

绿洲是沙漠中淡水资源终年不断的地方，这里水草丛生、绿树成荫。绿洲大小不一，小的只有1万平方米，而大的则可能有上千平方千米，有的只能给旅人歇歇脚，而有的则形成自己的小气候环境并成为人类的家园。

地球探索

绿洲一般位于沙漠的低洼地带，因为这些地方容易储水，有了水才能生长植物。沙漠之下流淌着一条条的地下河。夏天，附近高山冰雪融水汇成河流，穿过山谷缝隙流到沙漠地段，变成地下水。地下水顺着地下岩层流动至沙漠低洼地带，然后涌出地面，滋养草木。有限的降雨也能够给地下水补充水量。另外，沙漠中的泉和井也能为形成绿洲提供条件。

月牙泉绿洲是中国著名的绿洲，位于甘肃省酒泉附近，但如今绿洲面积大不如前了。

极地

极地位于地球的两端，即我们常说的“南极”和“北极”，它们是地球上最寒冷的区域。极地地区终年被冰雪覆盖着，几乎没有任何树木，其他植物也难看到，栖息的动物则是极为耐寒的动物。

地球探索

北极地区有一块浮冰覆盖着的海洋“北冰洋”，北冰洋的中央是一块巨型的冰块，冰块周围生活着很多鱼类。北极生活着北极熊、北极狐、北极狼、驯鹿和麝牛等。

南极是地球上最后一个被发现的大陆，也是唯一没有人类定居的大陆，整个大陆都被冰盖所覆盖。这里生活有企鹅、海豹、海狮、南极磷虾等。

根据《国际南极条约》，南极不属于任何国家，而属于全人类。

洞穴

洞穴是地表上巨大的自然空洞。在人类还没学会建造房屋前，洞穴是人们躲避风霜雨雪的最佳场所，至今很多动物仍喜欢居住在洞穴内。

地球探索

一般来说，洞穴可分为原生洞穴和次生洞穴。原生洞穴就是与岩石同时形成的洞穴，比如火山洞，由于岩浆内外有温差，外面的岩浆先冷却形成硬壳，而内部的岩浆继续流动，慢慢形成洞穴。次生洞穴是指由岩石腐蚀形成的洞穴。大部分的次生洞穴都是由于水流的侵蚀而形成的，少部分是由风力等其他外力作用形成的。

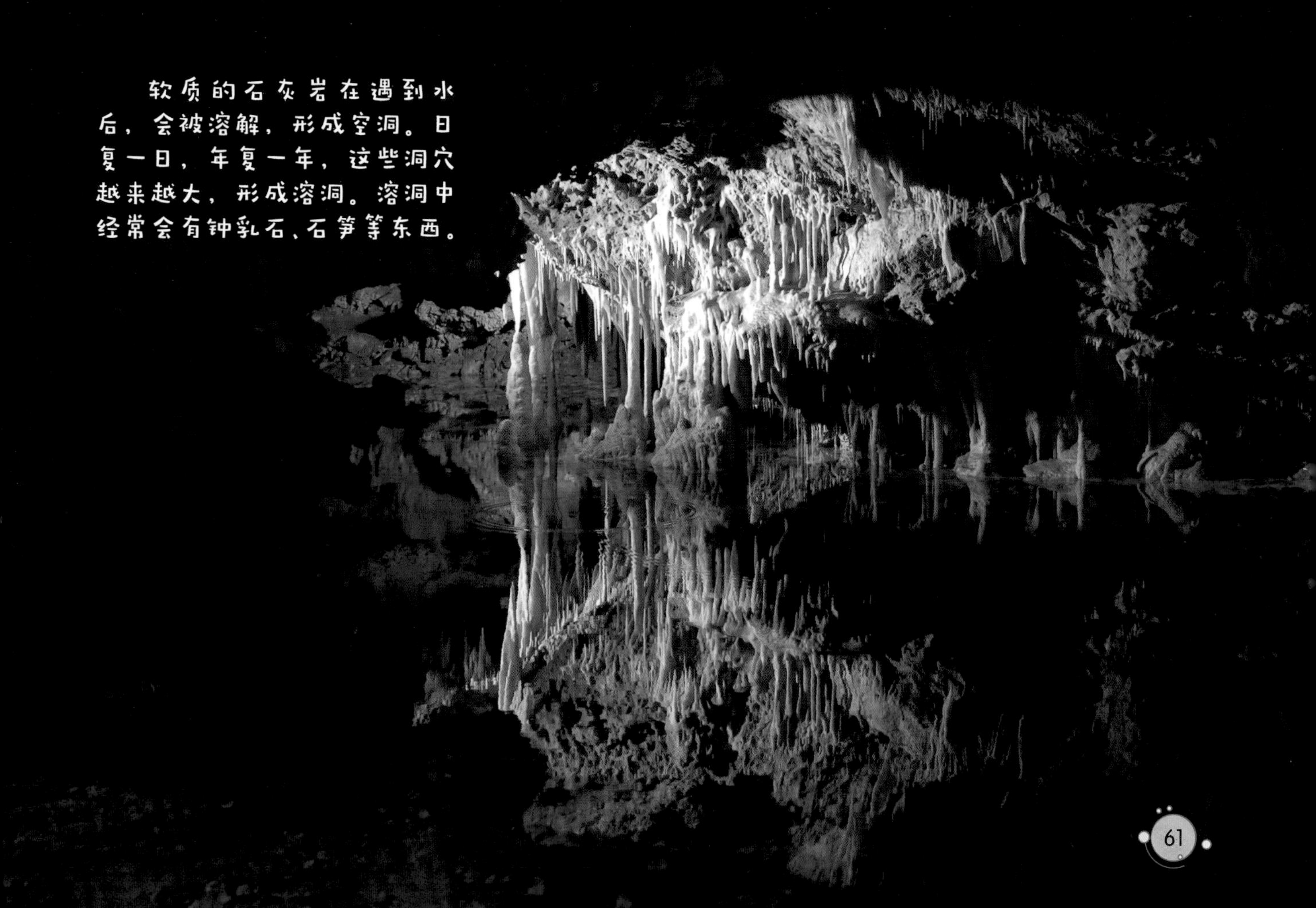

软质的石灰岩在遇到水后，会被溶解，形成空洞。日复一日，年复一年，这些洞穴越来越大，形成溶洞。溶洞中经常会有钟乳石、石笋等东西。

四季

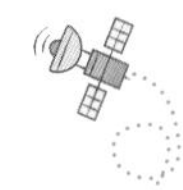

地球许多地方一年之内会出现季节变化：温暖的春季、炎热的夏季、凉爽的秋季和寒冷的冬季。生活在这些地方的动植物，也都会根据四季的更替而发生变化。

地球探索

季节是如何产生的呢？原来，地球是沿着椭圆形的轨道绕太阳公转的，而且这个公转面和它的自转面存在一个夹角，即地球是斜着身子绕太阳运动的。这样一来，地球运动到公转轨道的不同位置时，地球上各个地方接收到太阳的光照是不一样的。因此就有了四季的交替变化。

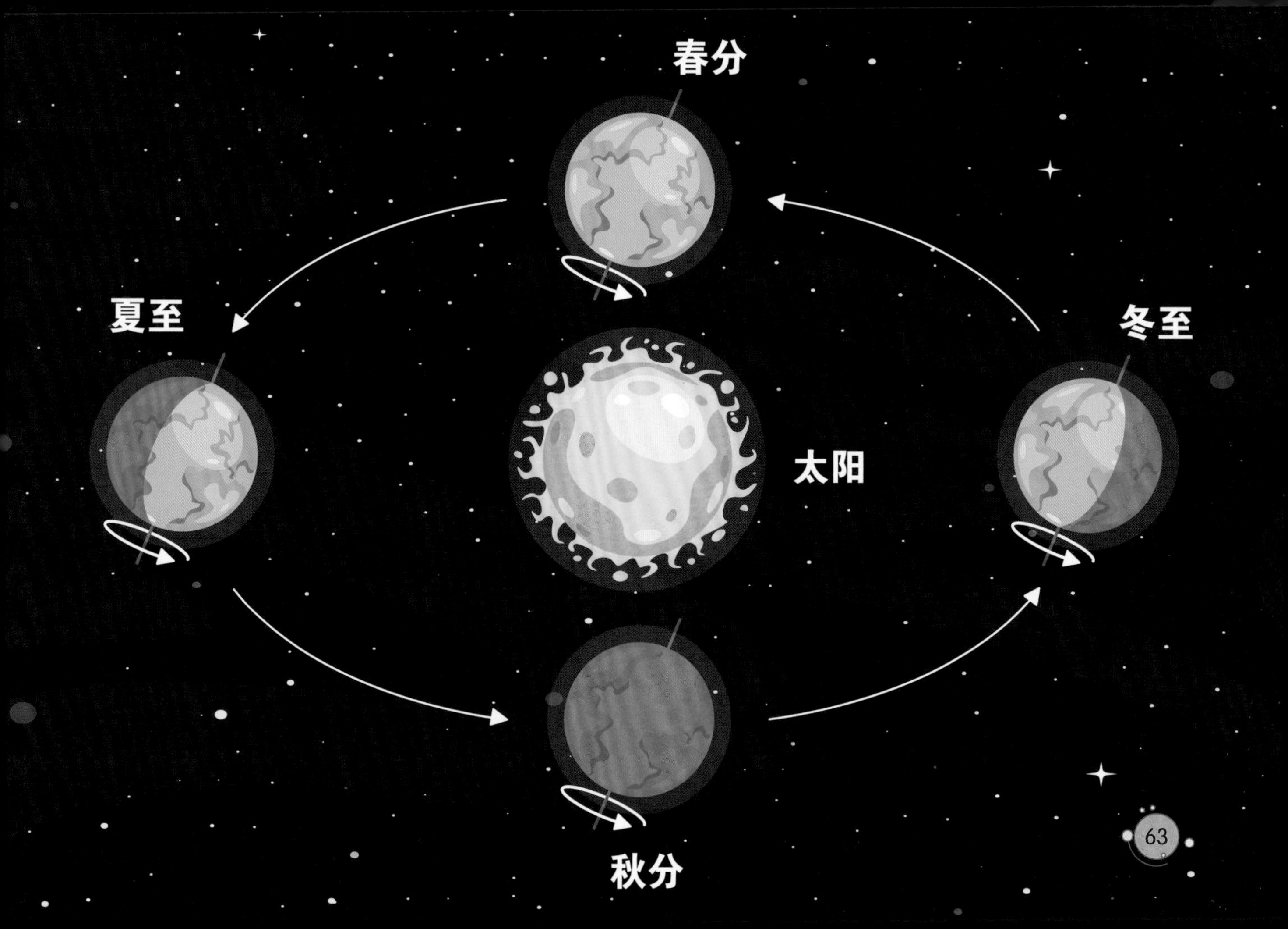
春分
夏至
冬至
太阳
秋分

昼夜更替

地球的公转产生了四季，而地球的自转则形成了昼夜之分，一个完整的日夜循环就是“一天”。地球自转时，其面对太阳的一面就是白昼，而背向太阳的一面就是夜晚。

地球探索

地球本身并不发光，它的一切光和热都来自太阳。而地球是一个两极略扁的球体，所以它面对太阳时，只有部分区域能进入太阳光的照射范围，而另外一部分则不在照射范围内。这样，太阳照射到的区域就是白天，照射不到的地方就是黑夜。

需要注意的是，除了赤道外，地球其他地方白天和黑夜的时长并不是固定的，而是随着季节变化而变化的。

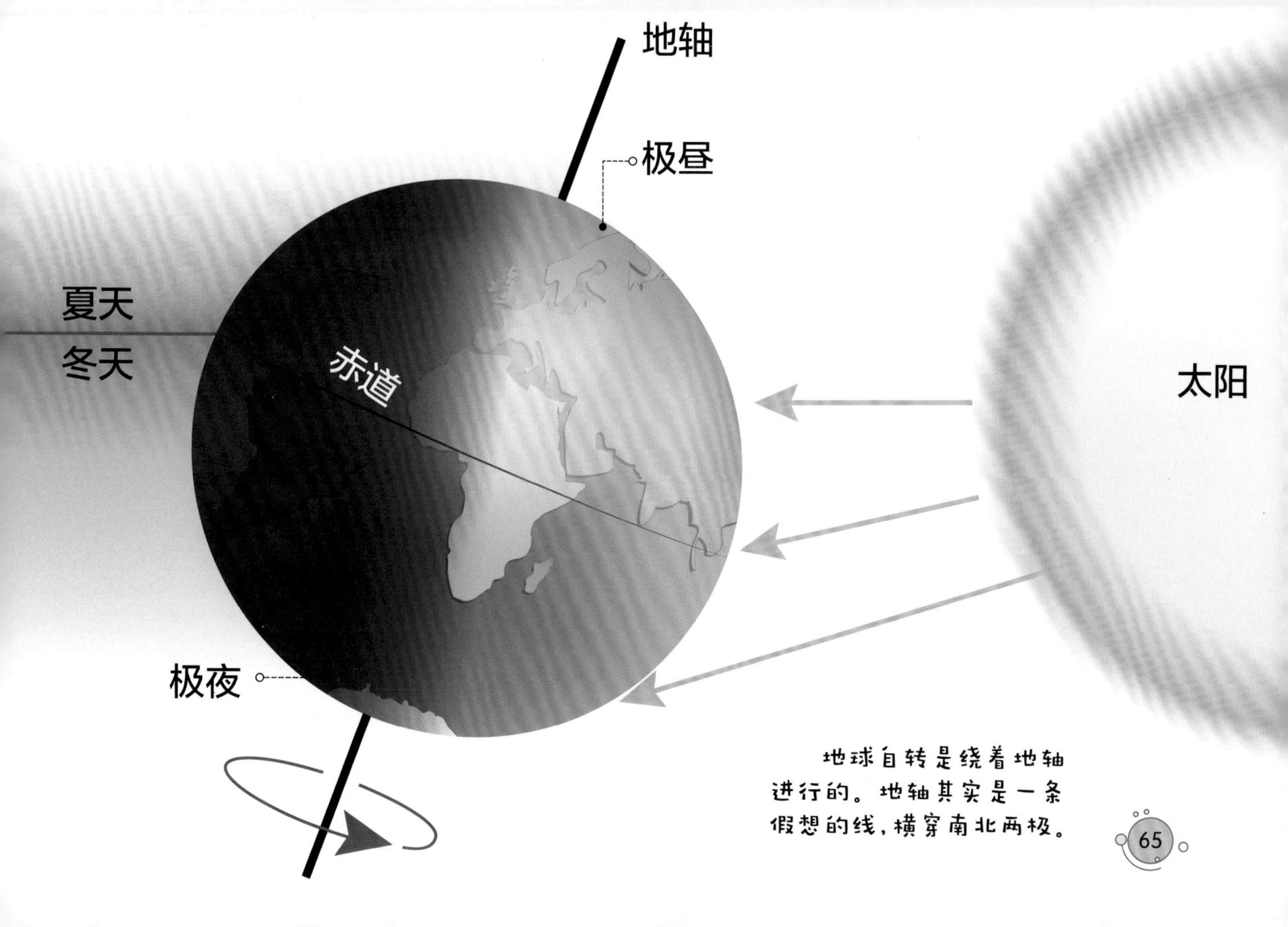

地球自转是绕着地轴进行的。地轴其实是一条假想的线，横穿南北两极。

时区

有时候我们会听到新闻这样播报：当地时间中午 12 点，也就是北京时间晚上 8 点，双方进行了会晤……可见，世界上不同地区的时间各不相同。

地球探索

由于地球的自转，地球不同经度上迎接第一缕阳光的时间也是各不相同的。如果全球各地的时间都相同的话，当时钟显示上午 10 点时，有的地方是白天，而有的地方却是黑夜。为了避免这种混乱，人们将全球划分为 24 个区域，即“时区”。相邻两个时区的时间相差 1 个小时。以英国伦敦格林尼治的时间为基准，位于格林尼治东部的时区时间较早，而位于其西部的时区时间则较晚。

北京时间并不是北京（东经116.4度）的地方时间，而是东经120°的地方时间，即东八区的标准时间。事实上，中国幅员辽阔，东西横跨5个时区（东五区至东九区）。

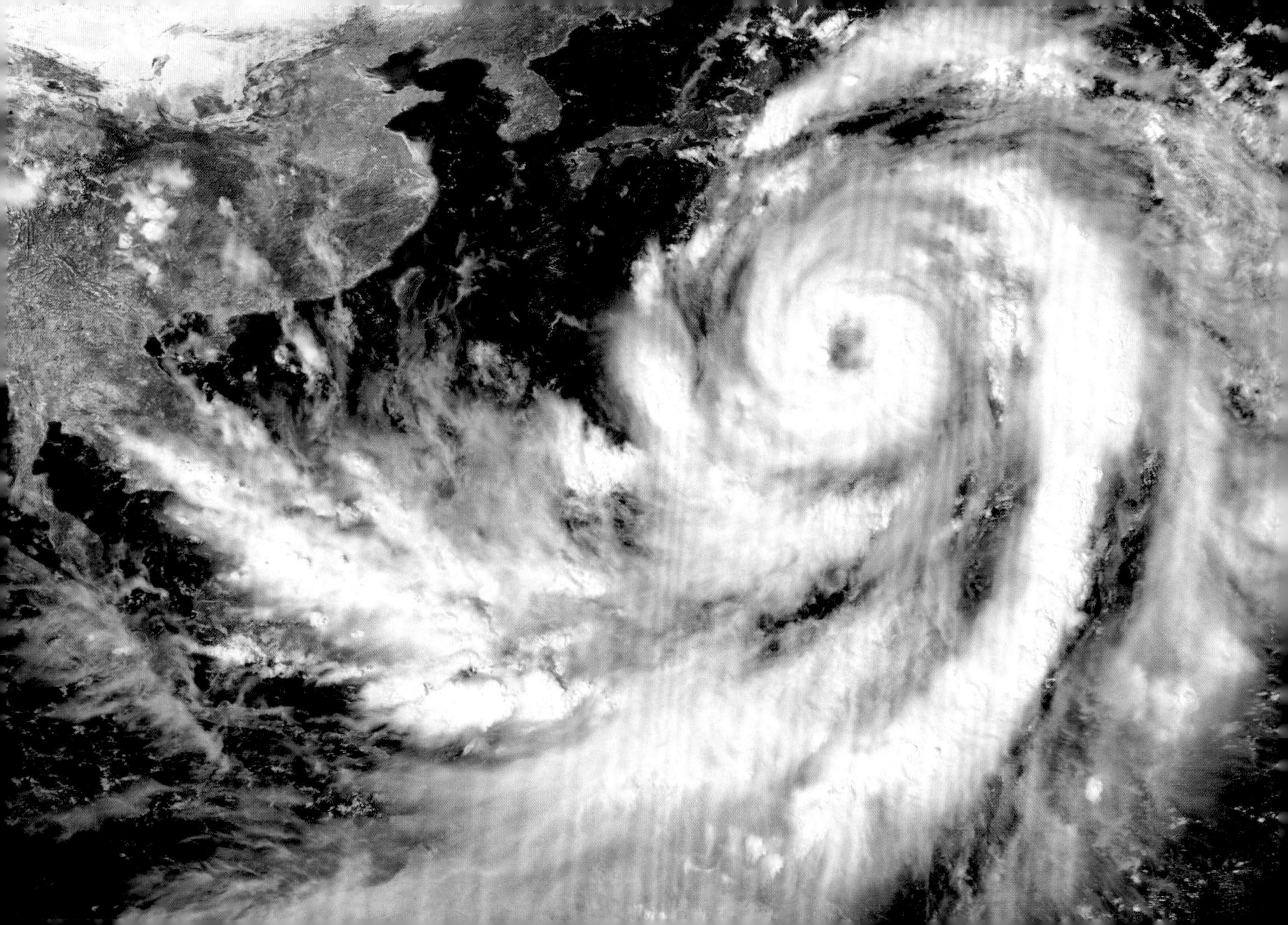

除了吃饭穿衣，大家每天都会关注的大概就是天气了。当你到外地学习、旅行的时候，你总想要从别人那边了解一下天气情况，问问需不需要带伞，是否要带上厚衣服？每天、每个季节，各处的天气都不尽相同，这边晴空万里，那边可能却是暴雨倾盆。这到底是什么原因引起的呢？

气候

在日常生活中，我们或许会经常听到有人说“南方湿热，北方干冷”，这句话形容的其实是南北的气候特征。简单来说，气候就是一个地区长时间内天气的平均情况。

地球探索

太阳辐射、地理因素和环流因素是影响气候的主要自然因素。

不同地区，地面所接受的太阳辐射热量也不一样，这会对气候造成影响。而纬度不同、海陆位置不同、地形不同，则使得各地的降雨量各有不同。比如，赤道地区降雨量要比两极地区多，沿海地区降水比内陆多，山地迎风面比背风面降水多。环流因素是指气温、雨量、气压和风等的影响。

人类活动正改变着全球的气候，使得各种极端天气越来越多。

水循环

在提到天气的时候，我们不得不提到地球的水循环。事实上，地球上水的总量几乎是不变的，水在海洋、河流、地下暗河、冰川和大气之间不断运动，这便是水循环。

地球探索

水循环具体是如何进行的呢?

在太阳的照射下，海洋表面的水变暖，进而形成水蒸气进入大气；与此同时，陆地上植物不断进行蒸腾作用，也将地下水释放到大气中。大气中的水汇聚在一起，形成云团，当云团中含有足够多的水时，就会产生雨、雪、冰雹等，并且降落到地面上来。雨水、融雪等汇入河流，最后进入大海；部分则渗入地下，形成地下河等。

有时候人类为了自身的发展，不得不打破大自然的水循环，常见的方式有：修建堤坝拦截河流，汲取地下水来使用等。

水的诞生

水是清洁的无色无味的物质，生命的存在都离不开水。水汇聚在一起形成溪流、江河、海洋；在空气中，变身水蒸气；到了天空，又是云朵……就连人类身体的主要构成都是水，没有水就没有现在的世界。

地球探索

关于水的来源，科学家们进行了大量的研究。有人认为，水来自太空中的一些彗星和富含水的小行星、星际尘埃等。它们落入地球后，给地球带来大量的水。但也有人认为，水是地球自身产生的。地球诞生之初，各种粒子相互作用形成各种物质，其中就有“水”。这些水隐藏在地幔、地壳甚至地球大气中，后来随着火山爆发和地球温度降低等，慢慢释放或落到地面。

根据研究，地球并非太阳系中唯一拥有水的星球，例如火星表面干涸的河床、湖泊等都证明，火星表面曾经有大量的水。小行星带上也发现了水的踪迹。

云团

云团是由小水滴和小冰晶组成的。当空气中的水蒸气上升遇到冷空气气团时，就会凝结成小水滴或小冰晶，这些小水滴或小冰晶聚集在一起便形成了云。云团可以产生雨、雪和冰雹，帮助地球控制温度。

地球探索

云团也称为积云，呈棉花状，一大团一大团出现，云体的边界较为分明。云团又可分为积雨云团、卷积云团、季风云团。

积雨云常会带来雷暴、雨雪或冰雹天气。卷积云团则容易带来阴雨、大风天气。而季风云团则指的是发生于热带印度洋、南亚和东南亚一带的与季风有关的云团，这种云团是地球上规模最大的云团，可能发展成热带气旋或台风。

云的形态很多，但笼统一些来分的话，主要可以分为积云、层云和卷云三类。其中，层云是一大片的，卷云是纤维状的。

雾

大家发现没有，南方的山经常是云雾缭绕的。从山脚往上看，觉得山上都是云；可置身于山腰时，云又不见了，整个人都笼罩在雾中；到了山顶以后，云却就在脚下。这是为什么呢?

地球探索

其实，雾的形成和云是一样的，都是由水汽凝结而成的。在水汽充足、微风或大气稳定的情况下，相对湿度达到 100% 时，空气中的水蒸气就会凝结成微小的水滴并悬浮于空中，降低空气的透明度，我们称之为“雾”。从雾的形成来说，它实际上可以认为是靠近地面的云。雾天多出现于春季，当太阳一照射，雾就会慢慢散去。

雾和霾被人们合称为“雾霾”。事实上，雾和霾有很大的区别，雾是由许多小水滴或小冰晶组成的，而霾是空气中的灰尘、硫酸、硝酸等颗粒物组成的，会影响人的健康。

闪电和雷鸣

雷雨天的时候，我们经常能看到闪电并听到响雷，而且我们总是先看到闪电后听到雷声。可其实闪电和雷鸣是同时发生的，但是由于光的传播速度要比声音的传播速度快，所以闪电会先被看到。

地球探索

电闪雷鸣是如何产生的呢？这就得从天空的云层开始说起了。天空中带正电荷和负电荷的云相互靠近时，就会发生放电现象，产生明亮的电火花，这便是“闪电”。闪电发生时释放出巨大的热量，闪电通路上的温度能达到数万摄氏度。在这样的高温环境下，周围的空气必然迅速膨胀，并且发出巨大的爆裂声，这便是“雷声”。由于它们总是一起产生，所以人们往往称之为“雷电”。

雷电会击毁人们的房屋、破坏高压输电线路或设备、引起森林大火，甚至还会造成人畜伤亡。

雨

当云中的温度大于0摄氏度时，遇到持续的上升气流，云中的小水滴不断变“胖”，“胖”到上升气流也托不住时，就会形成降雨落到地面。

地球探索

根据降雨形成的原因，一般可以将雨分为四类：对流雨、锋面雨、地形雨和台风雨。这四种降雨在我国都比较常见。对流雨一般出现在夏季午后，降雨前常有大风，还会有雷电，雨势很急且持续时间短。我国南方春季常出现的“梅雨”属于锋面雨，特点是：降雨强度不大，但持续时间长。地形雨通常发生在山地地区，我国西南地区这类降雨较多。台风雨便是台风活动带来的雨。

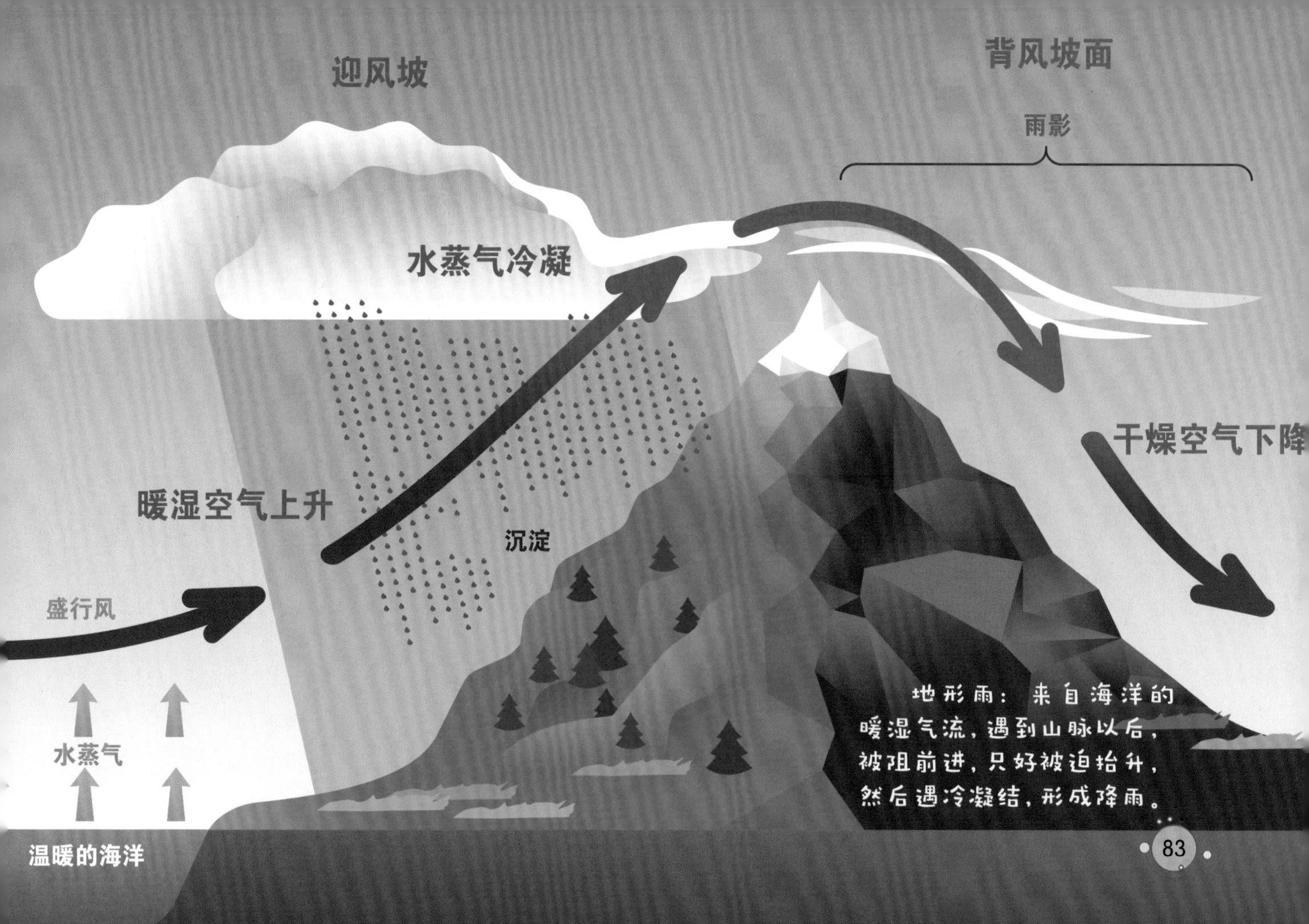
迎风坡
背风坡面
雨影
水蒸气冷凝
干燥空气下降
暖湿空气上升
沉淀
盛行风
水蒸气
温暖的海洋
地形雨：来自海洋的暖湿气流，遇到山脉以后，被阻前进，只好被迫抬升，然后遇冷凝结，形成降雨。

冰雹

在中国的春夏季节，经常会遇到冰雹天气。形象些来说，冰雹就是从天而降的冰块。冰雹有大有小，小的不会产生什么危害，而大的则可能破坏庄稼、损毁房屋等。

地球探索

冰雹是从冰雹云中来的，而冰雹云又是从积雨云演变而来，只不过冰雹云要比积雨云厚很多，有时甚至能达到十几千米厚。而且，其上下云层的温度相差极大，越往上越低，从而导致气流上下运动强烈。上升气流携带着的一些水滴和冰晶结合形成较大的冰粒，冰粒不断往上并变大，直到上升气流托不住，任其掉落。这个过程中，冰雹还在生长。

如果剖开冰雹，会发现冰雹像洋葱一样，是一层裹着一层的。原来，厚厚的冰雹云中各区域水分含量和温度都不一样，冰雹在形成过程中不断穿越这些层：经过含水少的就会生成不透明的海绵层；如果经过含水丰富的就会形成致密的透明层。就这样反复交替。

彩虹

夏季暴雨过后、天空放晴时，我们往往能在空中看到一条横跨南北的七色彩环。这便是我们说的“彩虹”。

地球探索

夏天的雨多为雷雨或阵雨，降雨区域较小，而降雨区外则艳阳高照。雨后，天空中清澈透亮且漂浮着许多小水珠，阳光直射到小水滴上，光线进入水滴时先折射一次，经水滴的背面反射后，再折射一次离开水滴。阳光中不同波长的光的折射率各不相同，这就使得阳光在经过一次反射、两次折射后，显示出各自的颜色。这时候，从较低角度往雨滴形成的雨幕望去，就能看到彩虹。

雪

雪是由大量白色不透明的冰晶及其聚合物组成的降水。跟雨一样，雪也是由云滴凝结而成的。如果云团及云下面的空气温度都低于 0 摄氏度，小水滴就会凝结成冰晶和雪花，然后落到地面。

地球探索

适当的降雪对农业生产很有帮助。雪的导热性很差，当雪覆盖在土壤上时就好像是给土壤中的庄稼盖上了一层棉被，保护庄稼安全过冬。春暖花开时，雪融化后的水就留在土壤里，为土壤积蓄了大量的水分。雪中还含有多氮的化合物，雪水渗入土壤，就等于给土壤施了肥。同时，雪融化时需要吸收大量的热量，从而冻死土壤中的部分害虫与虫卵。

所以，人们常说“瑞雪兆丰年”。

雪花基本形状是六边形的，但在不同的环境下可以表现出不同形态，如三角水晶状、空心六枝柱状、针状等。

露水

清晨走到田间或社区花园的草地上，我们常会发现一些植物的叶子上挂着一颗颗的水珠——露水。古时候，人们以为露水是从天而降的圣水（毕竟很难收集），所以收集来泡茶或炼丹。可它真的是从天上落下来的吗？

地球探索

露水并不是从天上来的。在晴朗无云的夜晚，地面热量散失很快，地面温度迅速下降，靠近地面的空气也随之冷却。这时候，空气中的水汽很容易在温度较低的物体表面凝结成水珠。植物、石头等散热比空气要快，所以往往成为露水生成的场所。露水往往预示着晴好的天气。因为如果是多云天气或大风天，要么地面温度稳定，要么水汽被风刮走，也就无法形成露水了。

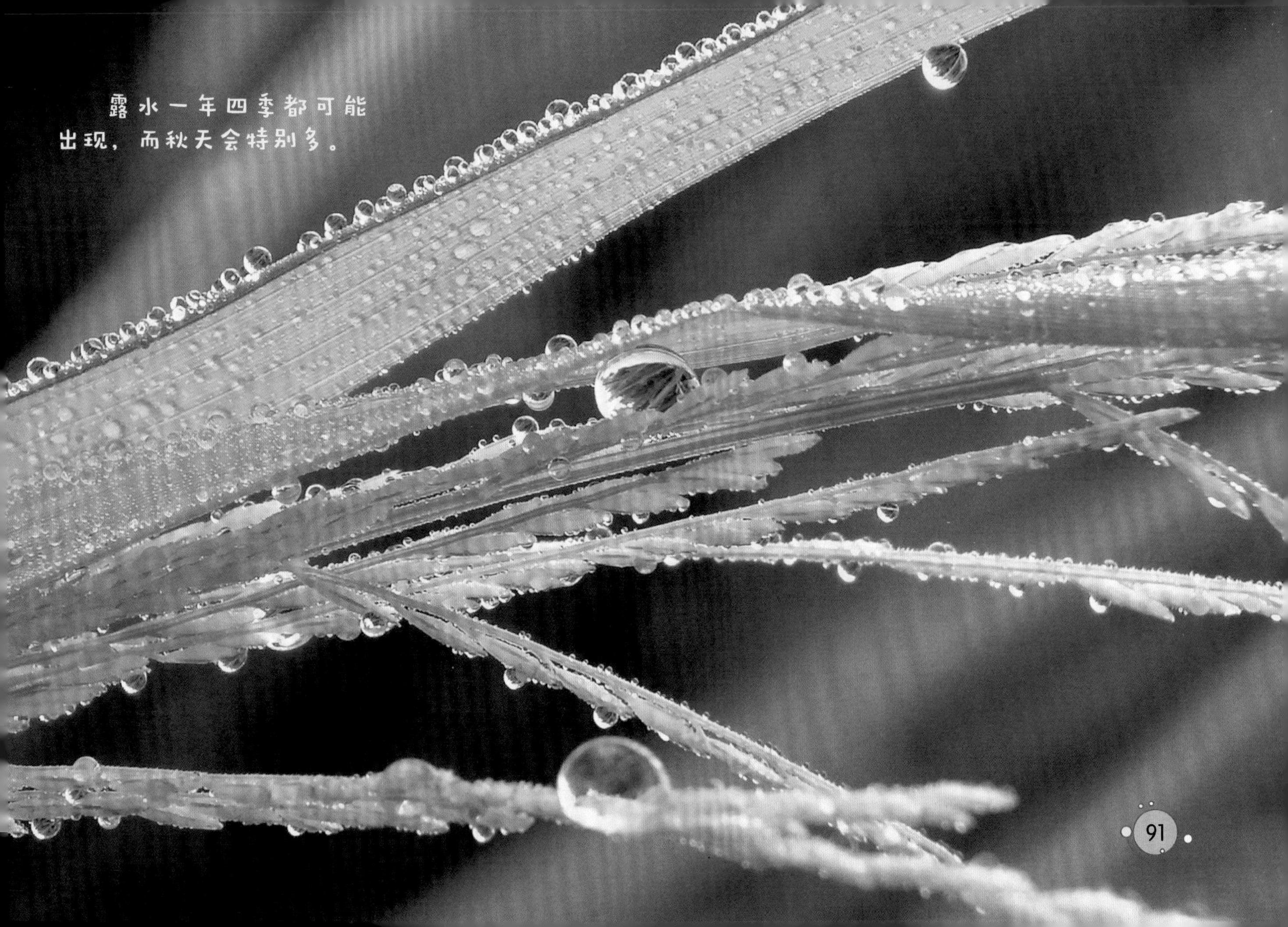

露水一年四季都可能出现，而秋天会特别多。

霜

在寒冷季节的清晨，人们推开门的时候会发现外面的世界被一层白色的结晶给覆盖了。这种结晶，我们称为“霜”。霜是一种天气现象，一般只出现于秋季至春季寒冷的时间里。

地球探索

霜的形成跟露水相似，都是贴近地面的空气温度降低，水分从空气中析出的现象。唯一的区别是，水蒸气“液化”（物质从气态变为液态的过程）为露水的温度高于0摄氏度，而水蒸气“凝华”（物质越过液化过程，直接从气态变为固态）成霜的温度则低于0摄氏度。霜是由小冰晶组成的，有霜天往往也是大晴天，只要太阳一出来，霜就会消失。

二十四节气中有一个节气叫“霜降”，有人误以为霜降就是“降霜”的意思，其实霜降是指气温骤降。

酸雨

酸雨，指的是 pH 值小于 5.6 的降水，包括雨、雪、雾、冰雹等。正常情况下，自然降水是无毒无害的，还能净化空气，滋养万物。可酸雨却因为含有大量的酸性物质，而对人类健康、动植物的生长产生不利影响。

地球探索

酸雨是如何形成的呢？这就得从空气污染谈起了：随着工业的发展，越来越多的工业废气被排放到空气中。这些废气中含有大量的硫化物和氮氧化合物，而雨、雪等在形成与降落的过程中，不断吸收并溶解了它们。所以，雨、雪等就含有大量的酸，成为酸性降水了。除了工业废气外，烧煤、汽车尾气排放等，也都会令空气中的酸性物质越来越多。现在，这个问题已经引起各国重视了。

酸雨只是大气酸性物质沉降方式的一种，因为这种沉降方式是以降水的方式达到的，所以被称为“湿沉降”。而在气流的影响下，酸性物质直接迁移地下的沉降方式则被视为“干沉降”。

风

风是我们最熟悉的一种自然现象，它有着各种各样的变身：清风拂面，令人觉得很舒爽；寒风凛冽，令人很畏惧；超强飓风，让人闻之色变……总之，风能带来无限的可能。那么，风是如何产生的呢？

地球探索

风一般是指空气的水平运动，它的产生与太阳辐射有直接关系。太阳照射大地，使得地表温度升高，地表的空气受热膨胀变轻而往上升。由于不同地方受热程度不同，一处热空气上升，另一处的冷空气便横向流入，而上升的空气遇冷后又会降落，遇到地表温度较高又被加热上升。空气这样流动，就形成了风。

最大、最具破坏性的风暴是台风（也称“飓风”），这类风暴通常发生在热带地区暖热的水域上空。

大气层

由于地球引力的关系，地球外面包裹着一层厚厚的混合气体，俗称“大气层”。大气层才是地球的最外圈。人类进行气象研究时，研究的范围就是地球表层的大气层。

地球探索

一般气象研究，将大气层的厚度定义为3000千米，并将其划分为5层。第1层：对流层（0～10千米），这里有很多水汽，风、雨、雷、电等天气现象都集中在这层。第2层：平流层（10～50千米），这里水汽少、没有云，利于飞机飞行。第3层：中间层（50～85千米），对流活动强烈。第4层：热层（85～800千米），能反射无线电波。第5层：散逸层（800～3000千米），空气极稀薄，常被视为“外大气层”。

活动于卡门线以下区域的飞行器称为“航空器”，而任何超过卡门线的飞行器都认为是进入了太空，可以称之为航天器。

温室效应

温室效应，其实就是大气保温效应的俗称。如果没有大气，地表的平均温度大致只能达到零下 23 摄氏度，而实际地表温度却能达到 15 摄氏度。可见，大气的保温效果是非常明显的。

地球探索

我们知道，太阳光可以透过空气到达地面给地球“加热”，这种送热方式是一种“短波辐射”。地表受热以后，也会向外辐射热量，而这种辐射却是一种“长波辐射”，或称“热辐射”。大气中的二氧化碳等气体，它们任短波辐射自由出入，却不断吸收和阻挡对外的长波辐射，使得地表的热量散发不出去而聚集在地表和低层大气中。二氧化碳等气体对地球的这种保温作用，就是“温室效应”。

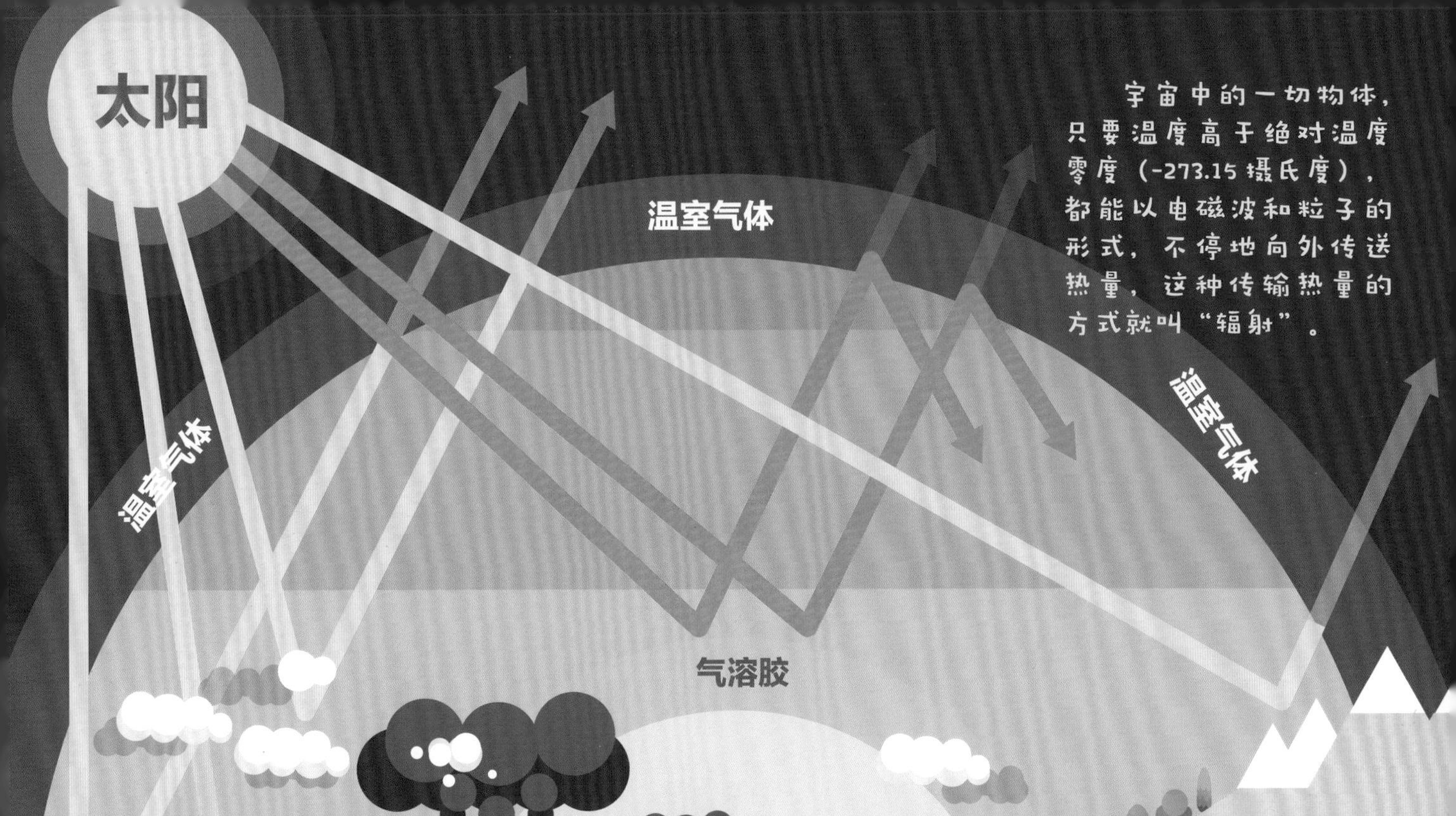

宇宙中的一切物体，只要温度高于绝对温度零度（-273.15 摄氏度），都能以电磁波和粒子的形式，不停地向外传送热量，这种传输热量的方式就叫“辐射”。

厄尔尼诺

海洋对气候有巨大的调节作用，当海洋中某个区域的海水温度突然出现异常，变得特别高或特别低时，就会产生巨大的影响。比如著名的厄尔尼诺现象。

地球探索

“厄尔尼诺”在西班牙语中是“圣婴”的意思。相传很久以前，居住在秘鲁和厄瓜多尔海岸一带的古印第安人发现，如果圣诞节前后附近的海水突然变暖，就会出现天降大雨、海鸟迁徙的现象，他们将这种反常的暖流称为“圣婴现象”。事实上，厄尔尼诺暖流大约每隔 7 年就会出现一次，每次出现都会令全球的气候发生异常，并带来巨大的农业和经济损失。

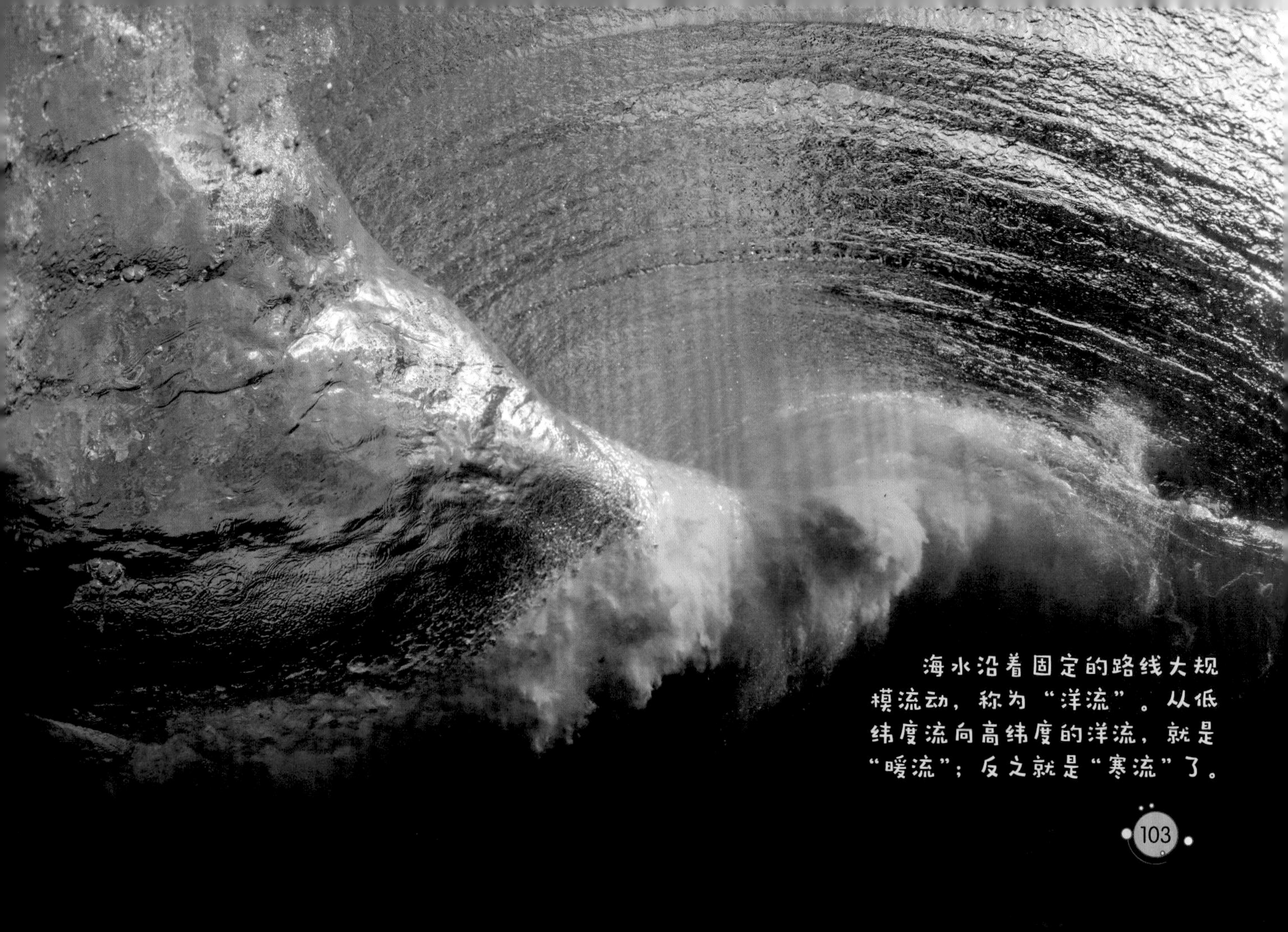

海水沿着固定的路线大规模流动，称为“洋流”。从低纬度流向高纬度的洋流，就是“暖流”；反之就是“寒流”了。

两极气温

南极和北极同处于地球的两端，都处于极寒之地，接受到的太阳辐射是一样多一样强的，因此有人认为，南极和北极一样冷。可事实真是这样吗？

地球探索

根据实际观测，南极终年平均气温要比北极低20摄氏度左右。这是为什么呢？原来，北极大部分地方是浩瀚的海洋，而南极大部分面积是陆地。海水吸收热量的本领比陆地强，可散发热量的速度却比陆地慢，所以北冰洋就像一个巨大的“蓄热池”——夏天蓄热，而冬天则像暖气一样给整个北极地区供暖。所以，北极要比南极温暖些。

由于气候严寒，北极地区是有人居住区中人口最稀少的地区之一。千百年来，因纽特人世代在这里繁衍。

鸣沙现象

鸣沙，就是沙子发出声音。有人会觉得奇怪，沙子怎么会发声呢？其实，鸣沙是一种很常见的自然现象，在美国的长岛、丹麦的波恩贺尔姆岛、波兰的科尔堡等，都有鸣沙现象。

地球探索

鸣沙是由于空气在沙粒之间运动而引起的。沙漠中沙子很多，这些沙子一直在运动着，当沙粒滑动的时候，沙粒之间的孔隙也会跟着忽大忽小，空气在这些孔隙中钻来钻去，于是引起震动并发声。全世界已发现有鸣沙现象的沙滩和沙漠100多个，而且发出的声音也各不相同。有的像打雷，有的像狗叫，有的又像是乐器发出的，十分神奇。

中国有三大鸣沙地：一是甘肃敦煌的鸣沙山，二是宁夏沙坡头黄河岸边的鸣沙山，三是内蒙古库布齐沙漠罕台川两岸的响沙湾。

地球冰期

在地球史上，地表不少地方曾经多次覆盖着大规模的冰川，这个时期被称为“冰川时期”，简称“冰期”。至今，地球已经发生过至少七次冰期，每次持续时间都达数万年。

地球探索

冰期的最重要标志是全球性气温变冷。关于冰期的形成有诸多说法，但都没找到令人满意的答案。人们只知道，冰期会对地球产生极大的影响。首先，大面积的冰盖改变了地表水体的分布，等到冰期结束时，许多城市会被淹没；其次，厚厚的冰盖会使地壳局部受压下降，而部分地方则缓慢上升，造成沧海变桑田的可能；最后，冰期会导致大量喜欢温暖环境的动植物灭绝。

两个冰期之间都会有一个相对温暖时期，称为“间冰期”。

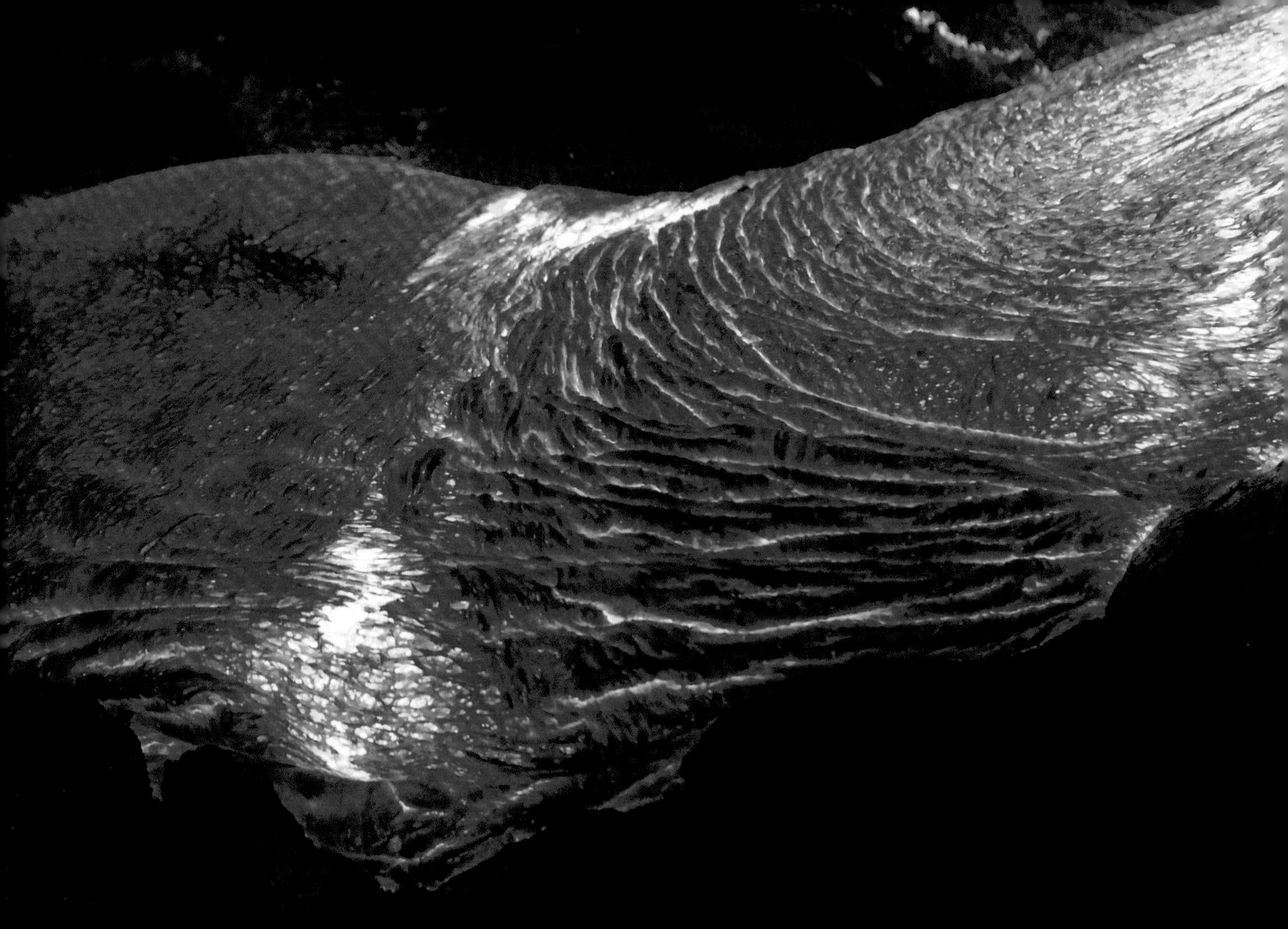

生命轨迹

大约在 46 亿年前地球刚形成的时候，地球上空烈日炎炎，电闪雷鸣，地表流淌着滚滚熔岩，火山不断喷发……地球上的环境恶劣异常，不可能有任何生命。但神奇的是，这些恶劣的自然现象却是地球生命的催生剂，是这些巨大的热量逼着地球上各种原始物质进行激烈的运动和变化，并且为迎接生命做好了准备——

生命的摇篮

地球诞生后，花了数亿年才形成海洋。紫外线、宇宙射线、火山爆发、天空放电等释放出巨大能量，在地球表面合成了很多有机物，这些有机物被雨水冲淋到原始海洋之中。原始海洋盐分很低，却富含有机物质，于是成了“生命的摇篮”。

生命探索

当海洋准备好孕育生命以后，大约在34亿年前，蓝藻出现了。蓝藻是一种单细胞生物，但它能够进行光合作用。蓝藻制造的氧，从海洋释放到大气中，地球上空才慢慢形成了臭氧层。臭氧层能够阻挡紫外线及一些宇宙射线，地球环境逐渐稳定下来，迎接更高等的生命。

海洋逐渐热闹起来，大约在4.5亿年前，海洋中已经有各种各样的生物。

最早的动植物生活在海里，但都非常小，看不出来。可以知道的是，最早的动物有柔软的身体（水母、蠕虫等），之后才有了硬壳动物（三叶虫），然后才是有骨动物。

走向陆地

大约在 4 亿年前，陆地上出现了最早的植物。植物逐渐在陆地上繁殖并繁荣起来，这便为动物的到来打好了基础，大约 3000 万年后终于出现了陆生生物。

生命探索

最先从水下走上陆地的动物是一些鱼类。这些鱼类依靠强大而粗糙的鳍拖着身体登上陆地。但这并不意味着这些上了岸的鱼类就立刻成为纯粹的陆生动物了，事实上它们必须回到水中产卵繁殖后代。所以，它们还只能算是两栖动物。

直到大约 3.5 亿年前，由两栖动物进化而来的爬行动物的出现，才标志着适应陆栖生活的动物出现了。

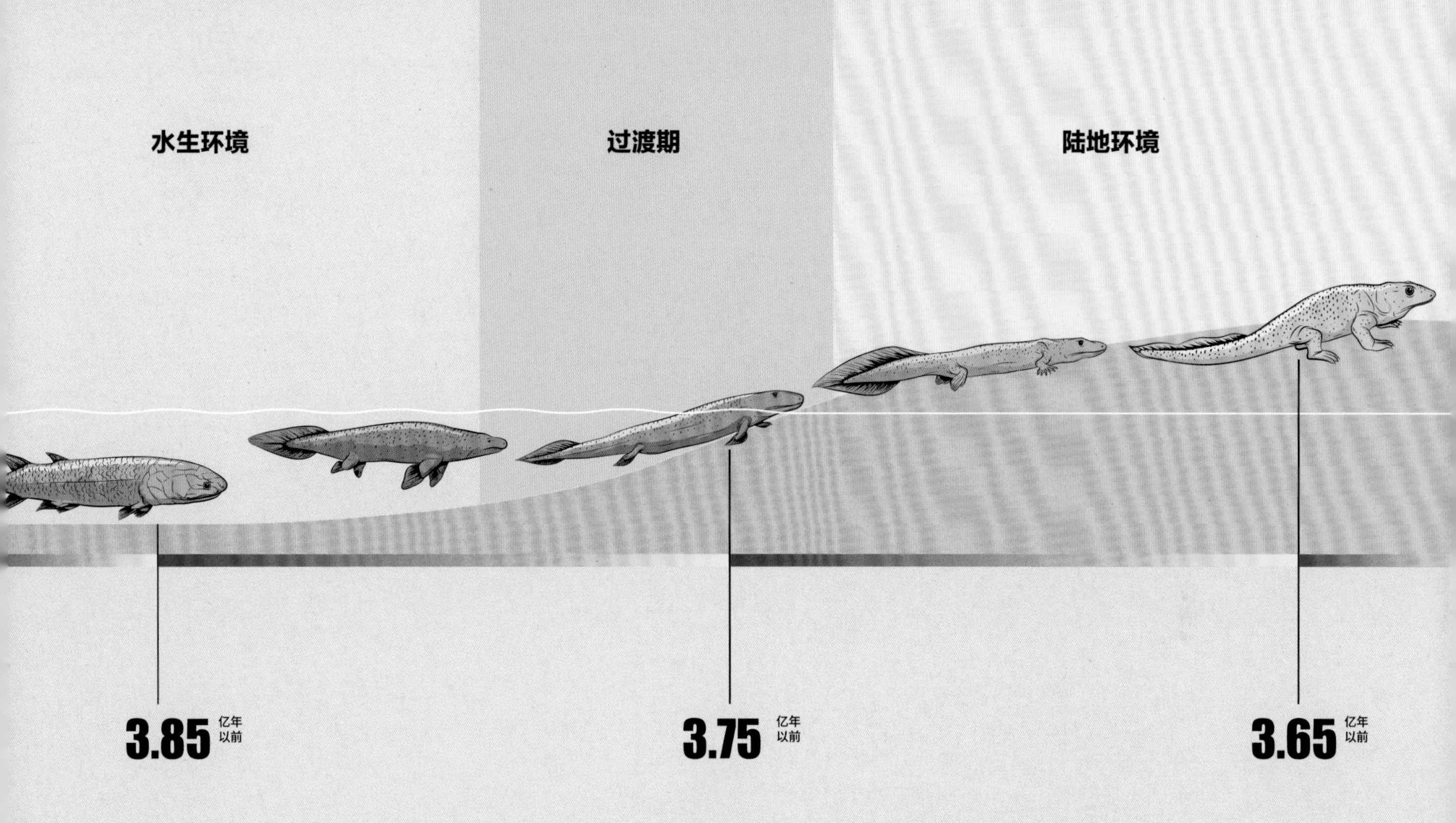

生命的进化：从鱼类到爬行动物

恐龙世界

在动物们适应了陆地上的生活以后，陆地上一度十分繁荣，植物郁郁葱葱，动物们跑来跑去。直到有一天，地球进入了冰川时期，一大批动植物因此而毁灭。在这场灭绝物种的浩劫之后，恐龙统治了地球。

生命探索

恐龙大约在2.8亿年前就已经出现了，它们个头有大有小：大的是陆地上迄今为止已知的体型最大的动物；小的还不如一只鸡大。各种恐龙并不是生活在同一时期，有时候一种恐龙灭绝了，另外一种恐龙就诞生了。所有的恐龙都是长着鳞状皮的，靠卵繁殖——习性跟现在的爬行动物非常相似。

剑龙是一种生存在侏罗纪晚期的食草性动物，它的背上有一排巨大的骨质板。

哺乳动物

6600 万年前，绝大多数恐龙都灭绝了。此时，统治地球的主角变成了哺乳动物和鸟类，它们有的生活在水里，有的生活在陆地上，还有些大多数时间都在天空中飞。

生命探索

哺乳动物是从兽孔目（或称“似哺乳爬行动物”）进化而来的。最早的哺乳动物有点儿像现在的啮齿类动物：体型很小，只在夜间出来活动。与它们的祖先相比，这时期的哺乳动物进化了供血系统、运动系统和繁殖系统，它们的心脏能更好地供血，四肢更加发达以便运动，厚厚的皮毛更利于保持体温，胎生母乳喂养使其繁殖更快。

早期人类

现代人类属于灵长类动物，是哺乳动物的一种，大约起源于700万年前。根据进化论，现代人类是由原始人类一步步进化而来的。

生命探索

地猿和南方古猿是早期人类的两个分支，他们的大脑比较小，智力介于人猿和人类之间，但可以直立行走。大约200万年前，能人出现，他们的大脑更为发达，并开始制造工具捕猎。大约180万年前，非洲出现了最早的直立人，并在100万年后繁衍至亚洲。大约10万年前，非洲出现了智人，智人懂得思考、遵循传统、用语言或符号等进行交流。现代人类就是由智人进一步进化而来的。

南方古猿被誉为最早的人类。

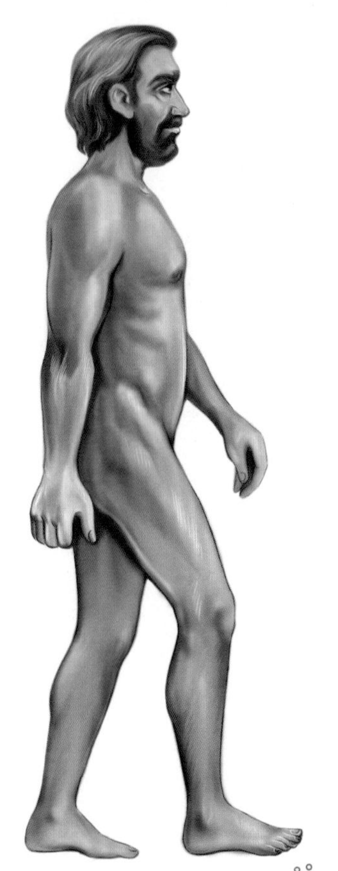

天然气和石油

天然气和石油是重要的燃料和化工原料。二者都是大自然的产物，形成过程较为相似，只不过前者是气态的，而后者是液态的。

地球探索

在远古时候，地球表面植物繁茂，草木丛生，成群成群的动物跑来跑去。后来，由于环境和地壳的变化，这些活着的动植物或是遗骸和泥沙一起沉积到湖泊或海洋中，变成了水底淤泥，并且一层层加厚。这样，底层的堆积物就与空气隔绝了，避免被氧化腐烂。在地球内部的高温炙烤、地表的强大压力以及细菌的努力分解下，这些堆积物最终形成天然气或石油。

石油的用途非常广泛，不仅可以提取汽油、煤油等燃料，还能加工成沥青等。

煤

煤是一种重要的能源，它能用来烧水做饭，还能用来发电，工业上还能用来精炼金属、生产化肥和一些化工产品。那么，煤是如何形成的呢？

地球探索

大约在3亿多年前，地球上生长着非常多的植物。后来，由于地壳剧烈运动，一批批的植物被埋进湖泊或海洋等低洼地带。它们被泥沙掩埋得越来越深，并且长期承受着高温、高压和细菌的作用，体内所含的氧、氮等物质逐渐流失，只剩下“碳”。最初形成的是草炭，之后，草炭继续接受各种作用，最后形成煤。

按照煤的煤化程度，可将煤分为褐煤、烟煤和无烟煤。其中，无烟煤最为高级，燃烧起来火力强、冒烟少。

拯救地球

地球正面临各种各样的问题，空气和海洋被污染，一些动植物濒临灭绝，天然气、石油和煤炭等资源即将面临枯竭……地球已经千疮百孔，我们必须行动起来。

地球保护

针对地球面临的各种问题，人类正在不断反思，并相应提出了一些措施：

爱护水资源，节约用水；节能减排，尽量乘坐公共交通，减少汽车尾气排放；爱护环境，尽量少用塑料制品；开发新能源，用清洁能源替换传统能源；爱护动物，禁止捕杀珍稀动物，并且保护它们……

你我能做的有很多。

地球是人类唯一的家园。

图书在版编目（CIP）数据

认地球 / 新华美誉编著 . -- 北京 : 北京理工大学出版社 , 2021.8
（童眼看世界 : 升级版）
ISBN 978-7-5763-0038-3

Ⅰ . ①认… Ⅱ . ①新… Ⅲ . ①地球 – 儿童读物 Ⅳ . ① P183-49

中国版本图书馆 CIP 数据核字 (2021) 第 136323 号

出版发行 / 北京理工大学出版社有限责任公司
社　　址 / 北京市海淀区中关村南大街 5 号
邮　　编 / 100081
电　　话 /（010）68914775（总编室）
（010）82562903（教材售后服务热线）
（010）68944723（其他图书服务热线）
网　　址 / http://www.bitpress.com.cn
经　　销 / 全国各地新华书店
印　　刷 / 天津融正印刷有限公司
开　　本 / 850 毫米 × 1168 毫米　1/32
印　　张 / 16
字　　数 / 240 千字
版　　次 / 2021 年 9 月第 1 版　　2021 年 9 月第 1 次印刷
定　　价 / 80.00 元（全四册）

责任编辑 : 梁铜华
文案编辑 : 杜　枝
责任校对 : 刘亚男
责任印制 : 施胜娟